ANALYSE

DE

L'EAU DE CHATEL-GUYON

(PUY-DE-DÔME),

FAITE EN OCTOBRE 1858

PAR

E.-B. GONOD

Pharmacien à Clermont-Ferrand,
Membre correspondant de la Société d'hydrologie médicale de Paris,
de l'Académie des sciences, belles-lettres et arts
de Clermont-Ferrand.

—

RAPPORT

DE MM. LEFORT, DECAYE ET OSSIAN HENRY FILS.

PARIS

IMPRIMERIE DE L. MARTINET
RUE MIGNON, 2

1859

Extrait des Annales de la Société d'hydrologie médicale de Paris,
Tome V, 1859.

RAPPORT

SUR UN TRAVAIL DE M. E.-B. GONOD,

Pharmacien à Clermont-Ferrand,

INTITULÉ :

ANALYSE DE L'EAU DE CHATEL-GUYON

(PUY-DE-DÔME),

AU NOM D'UNE COMMISSION COMPOSÉE

DE MM. LEFORT, DECAYE, ET OSSIAN HENRY FILS,

RAPPORTEUR.

Châtel-Guyon est un village du Puy-de-Dôme, situé à 4 kilomètres environ de Riom. Il est probable que les Romains n'ont pas eu connaissance des eaux minérales qui y prennent naissance, car on ne trouve auprès des sources aucun vestige qui rappelle leur séjour dans cette localité.

Jean Banc, qui a écrit sur les eaux minérales de l'Auvergne et de l'Allier, n'en parle pas non plus, et il faut arriver à l'année 1675 pour trouver sur les eaux de Châtel-Guyon quelques détails dans le livre publié par l'académicien Duclos. Après ce dernier, Quettan (1758), correspondant de l'Académie des sciences de Paris, et Dufour de Riom (1774) s'en occupèrent. Les résultats de ces divers expérimentateurs furent rapportés dans les ouvrages de Raulin, Legrand d'Aussy, Buch'oz, Bouillon-Lagrange, etc. Enfin, à une époque plus rapprochée de nous, MM. Barse (1840) et Nivet (1844) analysèrent les eaux de Châtel-Guyon,

et publièrent leurs résultats, qui, comme nous l'indique-
rons un peu plus loin, diffèrent sous quelques rapports.

Les sources examinées jadis étaient au nombre de 4, dé-
signées sous les noms de :

1. Source de la fontaine d'Azan ou des Gargouilloux.
2.   —   de la *Planche*, riche droite.
3.   —   de la *Planche*, rive gauche.
4.   —   de la *Vernière*.

Voici, d'après M. Barse, quel était le débit de ces sources
en 1840 :

	A l'heure.	A la minute.
Source d'Azan.	2100	35
— de la Planche droite	3000	50
— — gauche . . .	1200	20
— de la Vernière	3120	52
	9420	157

Aujourd'hui des fouilles faites avec le plus grand soin,
et d'importants travaux de captage, ont augmenté singu-
lièrement la quantité d'eau minérale ; la découverte de
nouvelles sources a permis d'élever un établissement plus
vaste et plus considérable, et c'est l'analyse de l'eau d'une
de ces sources que M. Gonod a eu la bonne pensée de
nous envoyer.

Avant de traiter la question chimique proprement dite,
l'auteur du travail que nous examinons a donné un aperçu
général sur la formation géologique des eaux minérales de
l'Auvergne, et sur celle de l'eau de Châtel-Guyon en particulier. Nous empruntons à son mémoire les détails qui
vont suivre :

« La disposition générale des sources minérales du dé-
» partement du Puy-de-Dôme se lie intimement à la con-
» stitution géologique de cette contrée. Des révolutions
» successives ont, à des époques anciennes, bouleversé le

» sol accidenté de l'Auvergne et produit plusieurs lignes de
» fractures remarquables par leur parallélisme et leur di-
» rection constante du nord au sud. La vaste plaine de la
» Limagne présente une de ces failles qui la divise presque
» en deux parties égales, et qui suit le lit de la rivière de
» l'Allier. Deux autres failles se montrent, l'une au pied des
» escarpements porphyriques du Forez, qui bornent la
» plaine à l'est, l'autre à la base des hauteurs granitiques
» qui la limitent à l'ouest. Sur cette faille occidentale ont
» fait irruption plusieurs de nos volcans ; mais c'est princi-
» palement sur une grande ligne de dislocation située un
» peu plus vers l'occident qu'ont paru la plupart des vol-
» cans de l'Auvergne, que se sont alignés les soixantes cônes
» à cratères de la chaîne des monts Dômes, et que se sont
» élevés les énormes massifs trachytiques du mont Dore,
» du Cantal et du Mezenc. Une cinquième fissure, sur la-
» quelle existent également quelques points volcaniques, se
» montre un peu plus à l'ouest et suit la vallée où coule la
» rivière de Sioule.

» C'est sur le trajet de ces failles, dont quelques-unes
» ont ainsi permis aux matières en fusion de l'intérieur du
» globe de s'épancher à sa surface, qu'apparaissent la plu-
» part des eaux minérales, ces autres manifestations de la
» chaleur centrale. Sur la fissure qui suit la base des mon-
» tagnes du Forez se trouvent les eaux de Châteldon et
» celles des environs de Thiers et d'Ambert ; tandis que sur
» la fissure qui occupe le centre de la plaine et le lit de
» l'Allier, on remarque celles de Vichy, Hauterive, Mé-
» dague, Vic-le-Comte. La faille occidentale de la Limagne
» nous présente, au pied des roches granitiques, les sources
» minérales des environs d'Issoire, celles de Clermont-
» Ferrand, de Royat et celles de Châtel-Guyon, qui font
» l'objet de ce travail. Sur la faille qui suit la principale

*

» ligne des volcans se trouvent les eaux thermales du mont
» Dore, de Saint-Nectaire ; enfin, sur la fissure la plus oc-
» cidentale de la vallée de la Sioule, celles de Pontgibaud
» et de Châteauneuf.

» Les eaux minérales de Châtel-Guyon sont donc situées
» sur le bord occidental de la Limagne, au pied des hauteurs
» granitiques. A l'époque tertiaire, un vaste lac, le Léman
» d'Auvergne, couvrait toute la plaine ; et ses eaux, en se
» retirant, laissèrent des couches puissantes d'argile, tan-
» dis que des eaux minérales bien plus abondantes que
» de nos jours y formaient des dépôts calcaires considé-
» rables.

» Sur les bords du lac, la dégradation des roches gra-
» nitiques amoncela d'épaisses couches arénacées, de la
» consolidation desquelles résultent les arkoses qui nous
» tracent encore les antiques contours de ses rivages. Ces
» arkoses recouvrirent le point d'où sortaient des roches
» primitives les eaux de Châtel-Guyon, et les forcèrent de
» remonter jusqu'à leur partie supérieure, à travers les fis-
» sures. Ce fait est démontré par des dépôts de travertins et
» d'aragonite, situés à une hauteur bien supérieure au
» niveau actuel des sources. Plus tard, quand la plaine fut
» émergée, le ruisseau de Sardon, dans son cours torren-
» tueux et rapide, vint ronger les arkoses et creusa son lit
» jusqu'au sol granitique, découvrant ainsi les issues par
» lesquelles les eaux minérales s'échappent directement des
» roches cristallisées. En résumé, les eaux de Châtel-Guyon
» sortent au point de contact du terrain primitif et des
» sédiments lacustres tertiaires. »

Après ces considérations générales, l'auteur aborde l'é-
tude de la source nouvelle qui est connue dans le pays
sous le nom de *source Brosson*, du nom du propriétaire
actuel de l'établissement thermal.

La température de cette source, prise par M. Gonod, a été trouvée de 29°,75 centigrades.

On voit qu'elle diffère peu des résultats précédemment obtenus; car en 1774 Raulin assigna à la fontaine d'Azan une température de 20 degrés Réaumur (25 degrés centigrades), et une de 23 à 24 degrés Réaumur (28,8 à 30 degrés centigrades) pour les autres sources.

En 1844, M. Nivet trouva les nombres suivants :

Source de la prairie au-dessus de la Vernière . . .	28°
— du ruisseau au-dessus de la Vernière. . . .	23°
— de la Vernière.	35°
— de la Planche, rive droite	35°
— d'Azan ou du Gargouilloux.	26°
— intermittente au-dessus du Gargouilloux . .	25°

Un litre d'eau de la nouvelle source donne un résidu sec de 5gr,642. Duclos avait trouvé pour la fontaine d'Asan 5gr,81, et M. Barse, pour l'eau qu'il analysa, 5gr,16.

Nous n'entrerons pas ici dans tous les détails analytiques que M. Gonod a cru devoir suivre dans le travail que nous examinons : la marche qu'il a adoptée est celle que recommandent les ouvrages classiques, nous croyons qu'il serait superflu de nous y arrêter.

Nous ferons seulement quelques remarques à propos de la recherche de l'iode et du brome. M. Gonod, après avoir évaporé quatre litres d'eau en présence de la potasse parfaitement pure, a précipité par le chlorure de palladium, et a obtenu, dit-il, un précipité beaucoup trop considérable, dû, comme chacun le sait, à une certaine proportion de matière organique entraînée. Il a donc dû contrôler ses résultats par une autre méthode, et il s'est servi à cet effet de la coloration rose que prend le chloroforme en présence de l'iode. Ce moyen lui a permis de doser ce métalloïde et d'en élever la proportion à 0gr,0015. Nous sommes peu partisan des nuances colorimétriques lorsqu'il s'agit de doser, et nous croyons que dans ce cas l'auteur aurait été mieux inspiré en se servant du cyanure d'argent pour la transformation en iodure de cyanogène (1), et de plus, comme moyen de contrôle, de l'ingénieux procédé conseillé par notre savant collègue M. Leconte (2), consistant à décomposer par l'acide chlorhydrique sec et gazeux l'iodure alcalin, de manière à en isoler l'iode à l'état de liberté.

M. Gonod a facilement trouvé l'arsenic ; un litre d'eau lui a suffi pour obtenir d'abondantes taches par la méthode de Marsh. Nous ajouterons que les dépôts ferrugineux abandonnés par ces eaux et que les résidus de l'opération lui ont permis de reconnaître facilement la concomitance du fer et du manganèse.

Voici, d'après l'auteur, la composition de la source *Brosson :*

Analyse trouvée.

Densité	1,0054
Résidu sec.	5,642 gr.
Chlore.	1,951
Iode.	0,0015
Brome.	non dosé
Acide carbonique	2,981
— sulfurique.	0,344
Potasse	0,101
Soude.	1,258
Chaux.	0,753
Magnésie.	0,607
Strontiane.	traces
Alumine et silice	0,166
Protoxyde de fer.	0,022
— de manganèse.	indices
Arsenic.	quant. notable
Matière organique.	très abondante
	8,1845

(1) *Annales de la Société d'hydrologie médicale*, 1856-57, t. III, p. 332-462.

(2) *Ibid.*, 1857-58, t. IV, p. 385.

Analyse calculée.

	gr.	lit.
Acide carbonique libre.	1,550 ou	0,782.
Chlorure de sodium.	1,874	
— de potassium.	0,160	
— de magnésium. . . , ...	0,989	
Iodure et bromure de sodium	0,002	
Bicarbonate de chaux et de strontiane. .	1,937	
— de magnésie.	0,345	
— de protoxyde de fer. . . .	0,0489	
— de manganèse.		
Sulfate de soude.	0,610	
Arséniate de fer.	traces	
Silice et alumine.	0,166	
Matière organique.	???	

7,6819 (1)

M. le professeur Chevreul, dans son remarquable article sur les eaux minérales du *Dictionnaire des sciences naturelles*, classe les eaux de Châtel-Guyon parmi les *eaux thermales ferrugineuses*, à côté de celles de Rennes (Aude), de Saint-Mart et de quelques-unes du Mont-Dore (Puy-de-Dôme). En examinant la composition que leur assigne M. Gonod, il est rationnel de les placer avec M. Nivet dans les eaux *salines chlorurées sodiques;* tandis que si l'on prend pour guide l'analyse de M. Barse, qui attribue la vertu laxative de ces eaux à une proportion très notable de

(1) La différence entre les deux additions doit provenir de ce que dans le premier cas chaque base est portée à l'état d'oxyde, et dans le second en partie à l'état de métal.

(*Note du rapporteur.*)

sulfate de soude, il sera préférable de les ranger, avec MM. Aguilhon et Durand-Fardel, parmi les *eaux salines sulfatées sodiques* (1). Déjà, en 1774, Raulin avait signalé la propriété éminemment laxative de ces eaux. Ce sont peut-être les plus purgatives que nous possédions en ce genre;

(1)   *Analyse de M. Nivet :*

Bicarbonate de soude	traces
— de chaux	$^{gr.}$1,8027
— de magnésie	0,2460
— de fer	0,2228
Sulfate de soude	0,5850
— de chaux	0,0800
— d'alumine	traces
Chlorure de sodium	2,4000
— de magnésium	0,6230
Alumine	0,0200
Apocrénate de fer	traces
Matière organique	traces
Perte	0,1530
	6,1325

Analyse de M. Barse :

Acide carbonique libre	$^{lit.}$0,755
Carbonate de magnésie	$^{gr.}$0,170
— de chaux	0,880
— de fer	0,340
Sulfate de soude	1,700
— de chaux	0,074
— d'alumine	0,090
Chlorure de sodium	1,330
— de magnésium	0,50）
Acide silicique	0,007
Alumine	0,004
Matière organique	0,007
	5,162

et qu'on les regarde comme minéralisées par le sulfate de soude ou par le chlorure de sodium, il est toujours facile de se rendre compte des effets qu'elles produisent sur la muqueuse intestinale. En effet, toute eau dans laquelle le chlorure de sodium se trouve associé à l'acide carbonique en quantité notable devient purgative (1).

Notice bibliographique sur les eaux de Châtel-Guyon.

1675. Duclos. Observations sur les eaux minérales de plusieurs provinces de France. Paris, in-18, p. 137.

1758. Guettard.

1772. Buch'oz. Dictionnaire hydrographique. Paris, in-12, t. I, p. 271.

1774. Cadet, de Paris, et Dufour, de Riom. Analyse des eaux de Châtel-Guyon (Mémoires de l'Académie des sciences).

1774. Raulin. Traité analytique des eaux minérales. Paris, in-12, t. II, p. 133.

1775. Raulin. Exposition succincte des principes et des propriétés des eaux minérales qu'on distribue au Bureau de Paris. — Paris, in-12 (c'est un extrait de l'ouvrage précédent).

1777. Raulin. Parallèle des eaux minérales de France et d'Allemagne. Parallèle des eaux minérales de Vichy et de celles de Châtel-Guyon ; différence de leurs principes et de leurs propriétés. Paris, in-12, p. 136.

1780. Duchanoy. Art d'imiter les eaux minérales. Paris, in-12, p. 220.

---

(1) Nous rappellerons à cet effet qu'en 1843, M. Pasquier, pharmacien à Fécamp, proposa de charger l'eau de mer d'acide carbonique, afin d'en masquer la saveur amère et nauséeuse que lui communiquent les sels sodiques et magnésiens, de façon à en utiliser la propriété purgative. Une commission, composée de MM. Rayer et O. Henry, fut nommée au sein de l'Académie de médecine à l'effet d'examiner les propriétés de ce nouveau médicament : et il en ressortit ce fait, qu'une bouteille d'eau de mer préparée par ce procédé donne le même résultat qu'une bouteille d'eau de Sedlitz à 32 grammes.   (*Note du rapp.* O. H.)

(*Bulletin de l'Académie de médecine*, 1842-1843, t. VIII, 1072. — *Annales de thérapeutique médicale et chirurgicale*, 1843, t. I, p. 160.)

1785. Carrère. Catalogue raisonné des ouvrages qui ont été publiés sur les eaux minérales en général et sur celles de France en particulier. Paris, in-4, p. 135.

1794. Legrand d'Aussy. Voyage fait en 1787 et 1788 dans la ci-devant haute et basse Auvergne. Paris, an III de la République, in-8.

1796. Buch'oz. Histoire naturelle de la ci-devant province d'Auvergne. Extraite de la collection générale. Paris.

1811. Bouillon-Lagrange. Essai sur les eaux minérales naturelles et artificielles. Paris, in-8, p. 168.

1815. Dictionnaire des sciences médicales en 60 volumes, t. XI, p. 51.

1819. Dictionnaire des sciences naturelles, t. XIV, p. 96.

1826. Alibert. Précis historique des eaux minérales les plus usitées en médecine. Paris, in-8, p. 272.

1830. Mérat et Delens. Dictionnaire de thérapeutique générale, t. II, p. 213.

1837. Patissier et Boutron. Manuel des eaux minérales. Paris, in-8, p. 260.

1840. J. Barse. Châtel-Guyon et ses eaux minérales. Riom, in-8. — Journal de pharmacie, 2ᵉ série, 1840, t. XXVI, p. 485.

1843. Aguilhon. — Notes sur l'action thérapeutique des eaux minérales de Châtel-Guyon (Annales de thérapeutique de Rognetta, Paris, 1843, p. 40).

1846. Nivet. Dictionnaire des eaux minérales du département du Puy-de-Dôme. Clermont, in-8, p. 55.

1849. Guibourt. Histoire des drogues simples, 4ᵉ édit., t. I, p. 544.

1851-54. Annuaire des eaux de la France. Paris, in-4, p. 615.

1857. Durand-Fardel. Traité thérapeutique des eaux minérales de France et de l'étranger. Paris, in-8, p. 195.

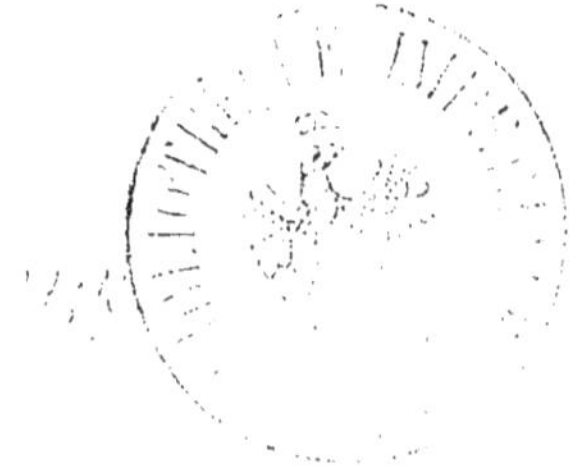